中国非法贸易动物鉴定丛书

非法贸易动物及制品鉴定

——鱼类及无脊椎动物篇

薛华艺　戴嘉格　阳建春　主编

SPM
南方传媒
广东科技出版社
全国优秀出版社
·广州·

图书在版编目（CIP）数据

非法贸易动物及制品鉴定．鱼类及无脊椎动物篇 /薛华艺，戴嘉格，阳建春主编．—广州：广东科技出版社，2023.4

（中国非法贸易动物鉴定丛书）

ISBN 978-7-5359-7984-1

Ⅰ．①非…　Ⅱ．①薛…②戴…③阳…　Ⅲ．①野生动物—无脊椎动物门—鉴别②野生动物—鱼类—鉴别③野生动物—无脊椎动物门—动物产品—鉴别④野生动物—鱼类—动物产品—鉴别　Ⅳ．①Q959②S874

中国版本图书馆CIP数据核字（2022）第196584号

非法贸易动物及制品鉴定——鱼类及无脊椎动物篇
Feifa Maoyi Dongwu ji Zhipin Jianding——Yulei ji Wujizhui Dongwu Pian

出　版　人：严奉强
项目策划：罗孝政　尉义明
责任编辑：尉义明
封面设计：柳国雄
责任校对：高锡全
责任印制：彭海波
出版发行：广东科技出版社
　　　　　（广州市环市东路水荫路 11 号　邮政编码：510075）
销售热线：020-37607413
https://www.gdstp.com.cn
E-mail: gdkjbw@nfcb.com.cn
经　　销：广东新华发行集团股份有限公司
印　　刷：广州市彩源印刷有限公司
　　　　　（广州市黄埔区百合三路 8 号　邮政编码：510700）
规　　格：787 mm×1 092 mm　1/16　印张7　字数150千
版　　次：2023年4月第1版
　　　　　2023年4月第1次印刷
定　　价：88.00元

前　言
F o r e w o r d

　　野生动物及其制品是人类赖以生存的重要物质资源，其经济、社会及生态价值不断被人类认识和开发。近几十年来，全球野生动物贸易日益繁荣，非法野生动物贸易也随之日益活跃。据联合国环境规划署估计，近年来全球野生动物非法贸易金额每年约200亿美元，且被非法贸易的野生动物主要是濒危物种。

　　野生动物非法贸易是一个全球性问题，具有全域性和多样性特征，严重影响全球生物多样性、生态系统服务功能、公共安全及动物福利，会大幅度降低自然资源质量，严重破坏生态系统稳定，加速疾病蔓延，最终损害人与自然共同的健康和福利。1999—2018年全球每个国家都有参与野生动物非法贸易的记录。为了维护生物多样性和生态平衡，推进生态文明建设，近年来我国及时修订了《中华人民共和国野生动物保护法》。《中华人民共和国刑法》也对破坏野生动物资源的行为划定了红线，对野生动物非法贸易坚持从严惩治原则。

　　本项目内容来源于华南动物物种环境损害司法鉴定中心（原华南野生动物物种鉴定中心）近20年受理的全国各地执法机关委托鉴定的有关涉案动物及制品1万余宗案件，以及鉴定的非法贸易野生动物近1 100个物种（其中濒危物种近800个，个体数量上千万只，各类制品超过1亿件）。编者通过归纳总结上述鉴定成果，系统梳理非法贸易野生动物及其制品检材的照片，最终挑选出近500个非法贸易野生动物物种（亚种）及其制品的高质量照片3 000余张，从多角度反映非法贸易野生动物及其制品的多项指标特征。结合相关文献资料，设计本套丛书，图文并茂、全方位地反映近年来我国野生动物非法贸易的种类、类型、分布等信息，并系统、完整、科学描述与展示，以期让非专业人士对我国野生动物非法贸易的状况及重点类群有比较清楚和全面的认识，甚至能够快速识别常见非法贸易野生动物类群及类型。丛书的出版可为保护野生动物、打击野生动物非法贸易提供专业支持，也可为促进我国生态文明建设等提供翔实的基础资料和科学的理论指导。

本书物种保护级别中，"国家一级"是指国家一级保护野生动物，"国家二级"是指国家二级保护野生动物，"CITES附录"是指《濒危野生动植物种国际贸易公约》附录物种，"非保护"是指曾未列入国家保护名录和国际公约附录的物种。

本书的分类系统主要参考《拉汉世界鱼类系统名典》（伍汉霖等人编著）、《濒危野生动植物种国际贸易公约》（CITES）附录（2023年版）、《中国海洋贝类图鉴》（张素萍编著）。随着分类研究的进步，动物分类地位也存在变动，部分物种的中文名可能会与其他专著不一致，分类阶元归属以拉丁学名为准。书中列出的物种保护级别和分布地，读者在参考时还需查阅最新发布的文件。限于编者水平，本书存在的不足和错误之处，恳请专家和读者批评指正。

编　者

2023年3月

目　录
Contents

I

镰状真鲨 *Carcharhinus falciformis*　　别名：丝鲨

分类地位	软骨鱼纲CHONDRICHTHYES真鲨目CARCHARHINIFORMES 真鲨科 Carcharhinidae
保护级别	CITES附录Ⅱ　　**贸易类型**　鱼翅干品、丝状成品
分　布	热带和亚热带温水海洋

◉ **鉴别特征**　体背呈暗灰色或灰褐色，背鳍间明显存在隆脊，第一背鳍中大，第二背鳍较小；胸鳍大型，镰刀形，后缘凹入，外角钝尖，内角钝圆；尾椎轴上扬，尾鳍上叶后部有显著的三角形突出。

10 cm

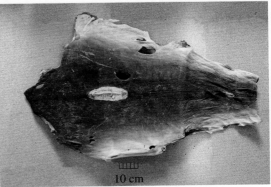

10 cm

真鲨科

大青鲨 *Prionace glauca*

分类地位 软骨鱼纲CHONDRICHTHYES 真鲨目CARCHARHINIFORMES
真鲨科Carcharhinidae

保护级别 CITES附录Ⅱ　　　　　　**贸易类型** 鱼翅干品、丝状成品

分　布 太平洋、印度洋、大西洋海域

◉ **鉴别特征** 体背呈青灰色，第一背鳍较小，距离胸鳍甚远，第二背鳍颇小；胸鳍较大，镰刀形；尾鳍较狭长。

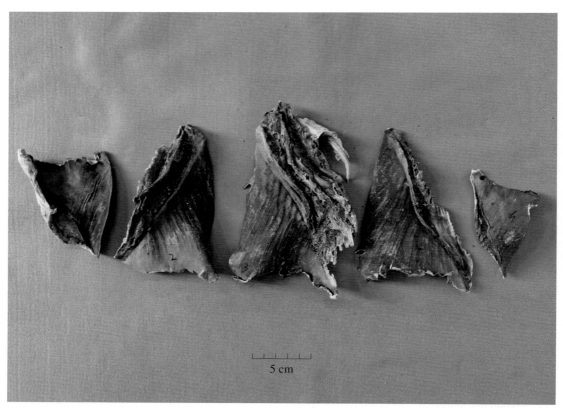

5 cm

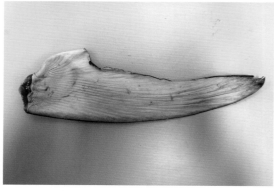

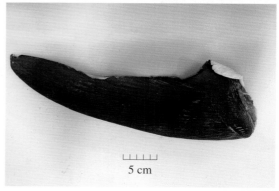

5 cm

浅海长尾鲨 *Alopias pelagicus*

分类地位 软骨鱼纲 CHONDRICHTHYES 鼠鲨目 LAMNIFORMES
长尾鲨科 Alopiidae

保护级别 CITES 附录 II　　　　**贸易类型** 鱼翅干品、丝状成品

分　布 印度洋和太平洋海域

◉ **鉴别特征** 体背呈黑褐色，第一背鳍较小，距离胸鳍甚远，第二背鳍颇小；胸鳍较大且细长；尾鳍腰刀形。

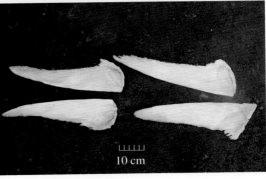

噬人鲨 *Carcharodon carcharias*

分类地位	软骨鱼纲 CHONDRICHTHYES 鼠鲨目 LAMNIFORMES 鼠鲨科 Lamnidae
保护级别	国家二级、CITES 附录 II **贸易类型** 组织制品等
分 布	东海、台湾东北海域、南海；世界各大洋沿岸海域

◉ **鉴别特征** 齿宽扁，三角形，边缘具细锯齿。

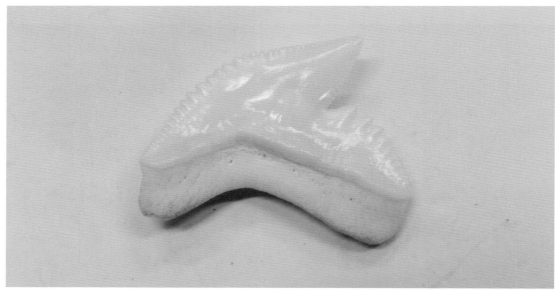

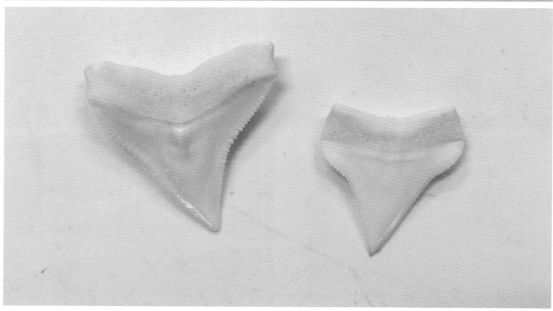

蝠鲼 *Mobula* spp.

分类地位	软骨鱼纲 CHONDRICHTHYES 鲼目 MYLIOBATIFORMES 鲼科 Myliobatidae
保护级别	CITES 附录 II
贸易类型	组织制品
分　　布	暖温带、热带沿岸海域

◉ **鉴别特征**　鳃耙组织呈棕黑色或黑色，具有梳状结构。

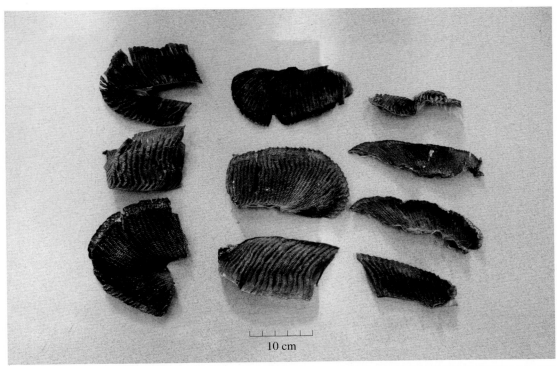

10 cm

5 cm

条纹斑竹鲨 *Chiloscyllium plagiosum*

分类地位 软骨鱼纲 CHONDRICHTHYES 须鲨目 ORECTOLOBIFORMES
长尾须鲨科 Hemiscylliidae

保护级别 非保护   **贸易类型** 活体

分   布 印度洋—西太平洋海域

◉ **鉴别特征** 体表具有深色横带和大量白色或蓝色的斑点；眼小，眼眶脊无隆起，眼睛下方有呼吸孔；鼻孔具有鼻口沟，前鼻瓣具一对鼻须；口平横，宽大，浅弧形，齿细长；第1背鳍起点位于腹鳍起点之后，第1背鳍与第2背鳍大小相等，与腹鳍大小相似；尾鳍下端有一个明显的缺口。

10 cm

西伯利亚鲟 *Acipenser baerii*

分类地位 辐鳍鱼纲 ACTINOPTERYGII 鲟形目 ACIPENSERIFORMES
鲟科 Acipenseridae

保护级别 国家二级（仅限野外种群）、CITES 附录 II **贸易类型** 活体、死体

分　布 原产于俄罗斯西伯利亚地区，为我国引进种

◉ **鉴别特征** 体延长，呈楔形；背部体色棕灰色或褐色，具5列骨板；头呈三角形；口下位，口裂小，口前有4条触须，无鳃盖骨；尾鳍两侧密生多行硬鳞。

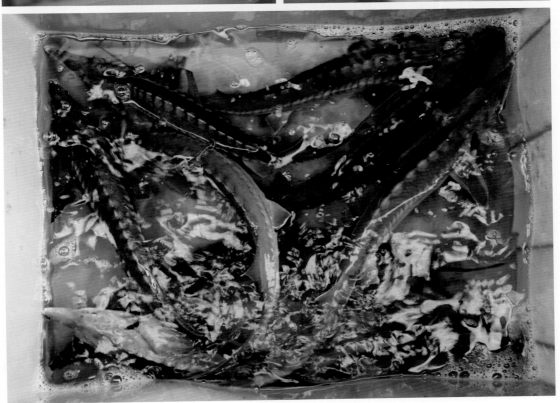

中华鲟 *Acipenser sinensis*

分类地位	辐鳍鱼纲 ACTINOPTERYGII 鲟形目 ACIPENSERIFORMES 鲟科 Acipenseridae
保护级别	国家一级、CITES 附录 II
贸易类型	活体、死体
分　布	黄海至珠江、海南；朝鲜、日本等

◉ **鉴别特征**　体长形；体色在侧骨板以上为青灰色，侧骨板以下逐渐过渡到黄白色；幼鱼体表光滑，成鱼体表粗糙，具有5纵行骨板，背鳍前有8～14块骨板，腹侧骨板13～17块；腹部平直；头呈长三角形，吻部尖，口下位，能伸缩；口吻部中央有2对须，呈弓形排列，外侧须不达口角。

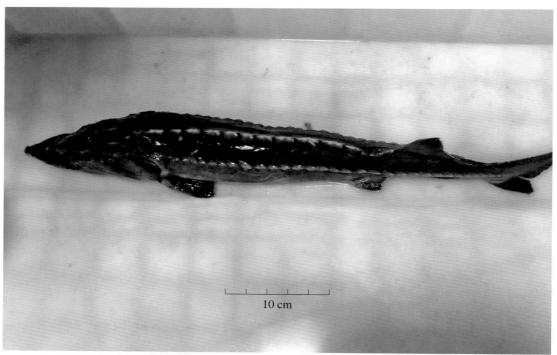

10 cm

匙吻鲟 *Polyodon spathula*

分类地位　辐鳍鱼纲 ACTINOPTERYGII 鲟形目 ACIPENSERIFORMES
匙吻鲟科 Polyodontidae

保护级别　核准为国家二级（仅限野外种群）、CITES 附录 Ⅱ　　**贸易类型**　活体、死体

分　布　原产于美国，为我国引进种

◉ **鉴别特征**　吻呈扁平桨状，较长；体表光滑无鳞，背部黑蓝灰色，腹部白色，体侧有点状赭色。

花鳗鲡 *Anguilla marmorata*

分类地位 辐鳍鱼纲 ACTINOPTERYGII 鳗鲡目 ANGUILLIFORMES
鳗鲡科 Anguillidae

保护级别 国家二级　　　　　　　　**贸易类型** 活体

分　布 浙江以南沿海及江河干支流均有分布；非洲东部，日本南部等

◉ **鉴别特征** 体延长，躯干部圆柱形，尾部侧扁；下颌略长于上颌；齿尖细，排列成带状；鳃孔中等大，侧位，位于胸鳍基部前下方；体被细长小鳞，埋在皮下，常被厚厚的皮肤黏液所覆盖；侧线孔较明显，向后延伸至尾部；背鳍、臀鳍起点之间的垂直距离大于头长；头背侧棕褐色，向腹部略淡，体背侧及鳍满布棕褐色斑。

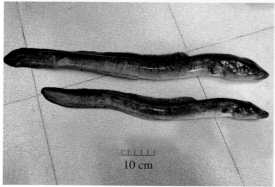
10 cm

似原鹤海鳗 *Congresox talabonoides*

分类地位 辐鳍鱼纲 ACTINOPTERYGII 鳗鲡目 ANGUILLIFORMES
海鳗科 Muraenesocidae

保护级别 非保护　　　　　　　**贸易类型** 鱼鳔干制品

分　布 印度洋—西太平洋海域

◉ **鉴别特征** 鱼鳔长形，两端尖细，呈淡黄色、半透明状，较薄；鱼鳔上血管分布较多。

5 cm

 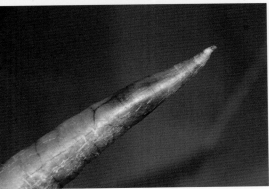

11

青海湖裸鲤 *Gymnocypris przewalskii*

分类地位	辐鳍鱼纲 ACTINOPTERYGII 鲤形目 CYPRINIFORMES 鲤科 Cyprinidae

保护级别 非保护　　　　　　　**贸易类型** 活体、死体

分　布 青海湖及湖周河流

◉ **鉴别特征** 体侧扁，体表裸露无鳞，有2～3行不规则的肩鳞片；下颌内侧的角质呈现嵴状；腹侧为浅黄色或灰白色，体侧有少数不规则的块状暗斑，无斑点；臀鳞每列21～32枚；腹鳍起点与背鳍第2或第3根分枝鳍条的基部相对；体背部呈黄褐色或灰褐色，腹侧浅黄色或灰白色。

5 cm

海蛾鱼 *Pegasus laternarius*

分类地位	辐鳍鱼纲 ACTINOPTERYGII 刺鱼目 GASTEROSTEIFORMES 海蛾鱼科 Pegasidae
保护级别	非保护
分　　布	印度洋—西太平洋海域

贸易类型 活体、干制品

◉ **鉴别特征**　体扁而宽，无鳞，完全被覆坚硬骨板；吻部稍突出；两侧、背面与腹部各具隆起棱，胸鳍大型，无硬棘，呈水平翼状；尾环11节，第9和第10节尾环相连，最后尾环背面无棘；体色多变，通常呈淡褐色至鲜黄色。

5 cm

葛氏海蠋鱼 *Halicampus grayi*

分类地位 辐鳍鱼纲 ACTINOPTERYGII 刺鱼目 GASTEROSTEIFORMES
海龙科 Syngnathidae

保护级别 非保护 **贸易类型** 活体、干制品

分　布 印度洋—西太平洋海域

◉ **鉴别特征** 体特别延长和纤细，无鳞；躯干部的上侧棱与尾部的上侧棱不相接，下侧棱则止于臀部骨环附近而不与尾部相接，中侧棱则与尾部的下侧棱相接；吻短，吻部背中棱完全，具棘和小刺；主鳃盖具有一个完整的中纵棱。

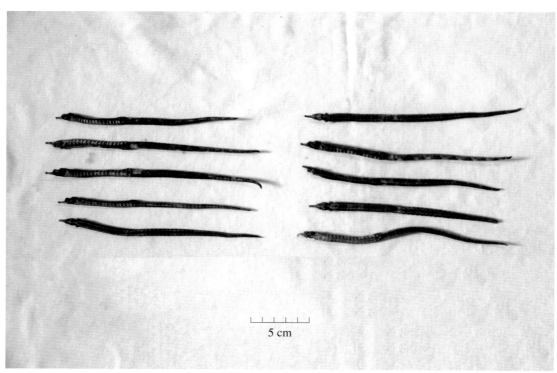

5 cm

西澳海马 *Hippocampus angustus*

分类地位 辐鳍鱼纲 ACTINOPTERYGII 刺鱼目 GASTEROSTEIFORMES
海龙科 Syngnathidae

保护级别 核准为国家二级（仅限野外种群）、CITES 附录 Ⅱ **贸易类型** 活体、干制品

分　布 澳大利亚西北部海域

👁 **鉴别特征** 体侧扁；头呈马头状，颈部较短，眼棘突出且锐利，眼下具有双棘，脸颊处具有双棘，鼻子通常有细纹；身上有长短不一的棘刺，尖端钝或锐利，刺的尖端常有棕色纹理；狭窄的身体常覆盖着褐色的网状图案。

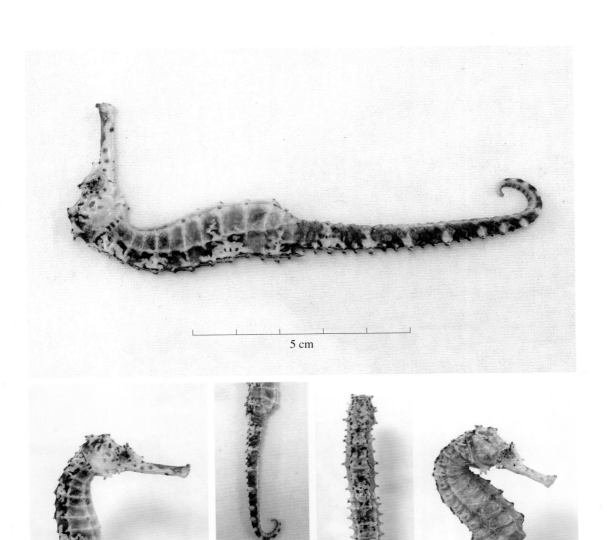

5 cm

巴博海马 *Hippocampus barbouri*

分类地位 辐鳍鱼纲 ACTINOPTERYGII 刺鱼目 GASTEROSTEIFORMES
海龙科 Syngnathidae

保护级别 核准为国家二级（仅限野外种群）、CITES 附录 Ⅱ　　**贸易类型** 活体、干制品

分　布 中西太平洋的南部海域

👁 **鉴别特征**　体长形，无鳞；头呈马面状，顶冠中等高，有5根锐利的棘；有锐利的眼棘；身体上有红褐色的斑点与线，吻部常有斑纹；第1背鳍棘远长于其他棘而向后弯曲，尾部棘的长度不等。

5 cm

 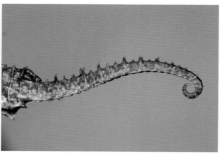 

虎尾海马 *Hippocampus comes*

分类地位 辐鳍鱼纲ACTINOPTERYGII刺鱼目GASTEROSTEIFORMES
海龙科Syngnathidae

保护级别 核准为国家二级（仅限野外种群）、CITES附录 II　**贸易类型** 活体、干制品

分　布 东印度洋和西太平洋海域

⊙ **鉴别特征** 体长形，无鳞；头呈马面状，具长而细的鼻子；头冠小而低；双颊棘，具有突出的鼻棘，眼部通常有细小的放射状白线；躯干部的刺呈旋钮状，通常有斑驳的图案；尾部具有条纹或斑纹。

5 cm

欧洲海马 *Hippocampus hippocampus*

分类地位 辐鳍鱼纲 ACTINOPTERYGII 刺鱼目 GASTEROSTEIFORMES
海龙科 Syngnathidae

保护级别 核准为国家二级（仅限野外种群）、CITES 附录 II　　贸易类型 活体、干制品

分　布 大西洋东部海域

◉ **鉴别特征**　体侧扁；头呈马头状，具有一根较长的眼棘，鼻子较短，通常小于头长的 1/3；头冠较平滑地连接到颈背部；腹部圆，身体具有较发达的钝棘刺；体棕色、橙色或黑色，身体有时带有小白点。

5 cm

刺海马 *Hippocampus histrix*

分类地位 辐鳍鱼纲 ACTINOPTERYGII 刺鱼目 GASTEROSTEIFORMES
海龙科 Syngnathidae

保护级别 国家二级（仅限野外种群）、CITES 附录 Ⅱ　　**贸易类型** 活体、干制品

分　布 印度洋—西太平洋海域

◉ **鉴别特征** 体长形，无鳞；头呈马面状，顶冠具有 4～5 根长而尖的刺；吻细长，呈管状；各骨环接结处及头部的小棘特别发达；除腹下棱及近尾端的小棘短钝外，其余均细而尖锐，各棘突末端黑色；通常身体呈淡黄褐色。

海龙科

太平洋海马 *Hippocampus ingens*

分类地位 辐鳍鱼纲 ACTINOPTERYGII 刺鱼目 GASTEROSTEIFORMES
海龙科 Syngnathidae

保护级别 核准为国家二级（仅限野外种群）、CITES 附录 II   **贸易类型** 活体、干制品

分　　布 太平洋东部海域

◉ **鉴别特征**　体侧扁；头呈马头状，顶冠中等高，头部有突出的眼棘；腹部凸出，龙骨突出，躯干部有节环，身体表面有平行于身体方向的细微的白色线条和黑色斑纹，体部各棱脊上的结节发育完全，身体具有长短不一的结刺；尾部细长，骨环呈四棱形，尾端细尖、卷曲；雌性海马的肛鳍下方有一黑色斑块。

5 cm

克氏海马 *Hippocampus kelloggi*

分类地位 辐鳍鱼纲 ACTINOPTERYGII 刺鱼目 GASTEROSTEIFORMES
海龙科 Syngnathidae

保护级别 国家二级（仅限野外种群）、CITES 附录 II　**贸易类型** 活体、干制品

分　布 印度洋—太平洋海域

👁 **鉴别特征**　体形较大，侧扁；吻细长，体上具有线状白色斑点或纹，头侧及眼眶上均有较粗的小棘，背鳍鳍条 18～19 根，胸鳍鳍条 18 根，尾环 39～41 节。

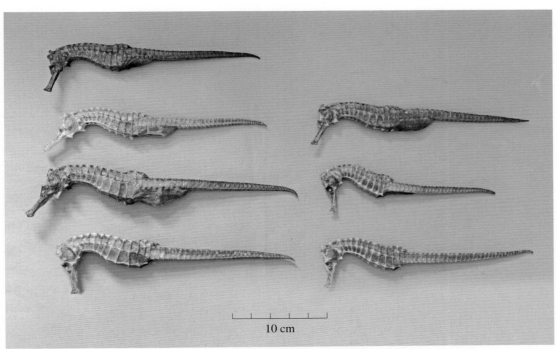

10 cm

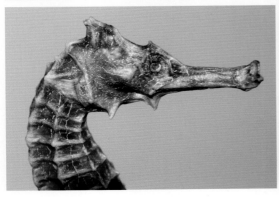

库达海马 *Hippocampus kuda* 别名：管海马

分类地位 辐鳍鱼纲 ACTINOPTERYGII 刺鱼目 GASTEROSTEIFORMES
海龙科 Syngnathidae

保护级别 国家二级（仅限野外种群）、CITES附录 Ⅱ　　**贸易类型** 活体、干制品

分　布 印度洋—太平洋海域

◉ **鉴别特征**　体长形，无鳞；头呈马面状，顶冠低，不具有尖锐的棘，各骨环接结处发育不完全，仅有小圆突；吻部略短；尾环34～38节；体侧有时有黑色斑纹；体色多样，包括淡粉红色、黄色、深褐色等。

5 cm

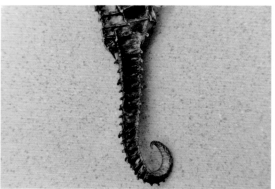

棘海马 *Hippocampus spinosissimus*

分类地位 辐鳍鱼纲ACTINOPTERYGII刺鱼目GASTEROSTEIFORMES
海龙科 Syngnathidae

保护级别 国家二级（仅限野外种群）、CITES附录 II　　　**贸易类型** 活体、干制品

分　布 印度洋—西太平洋海域

⊙ **鉴别特征** 体长形，无鳞；头呈马面状，顶冠中等高，具有4～5根刺，鼻子较短；背部的第1、第4、第7和第11躯干环通常较长；尾部有一系列规则且较长的脊。

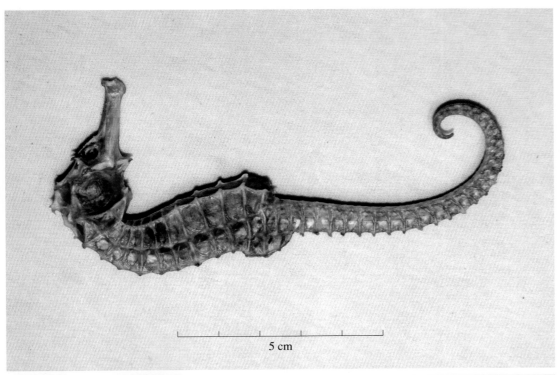

5 cm

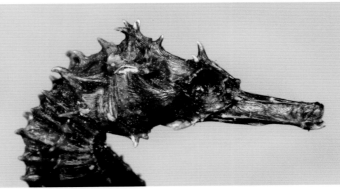

海龙科

23

海龙科

三斑海马 *Hippocampus trimaculatus*

分类地位 辐鳍鱼纲 ACTINOPTERYGII 刺鱼目 GASTEROSTEIFORMES
海龙科 Syngnathidae

保护级别 国家二级（仅限野外种群）、CITES 附录 II　　　**贸易类型** 活体、干制品

分　　布 印度洋—太平洋海域

◉ **鉴别特征** 体长形，无鳞；头呈马面状，头冠短小；腹部凸出，躯干部有节环，尾部细长，骨环呈四棱形；体表光滑，不具放射状纹，少许个体体侧有斑马纹；体色多样，通常在第1、第4、第7体环的背侧各具一黑斑，偶尔会消失。

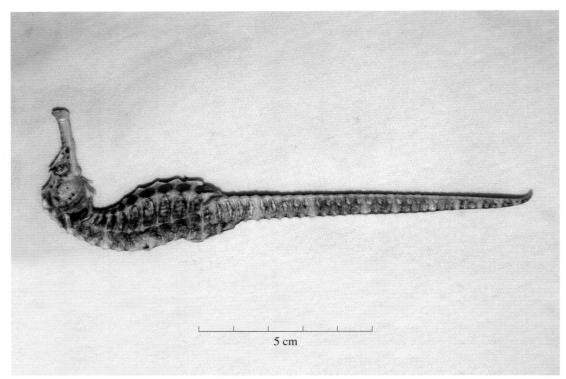

5 cm

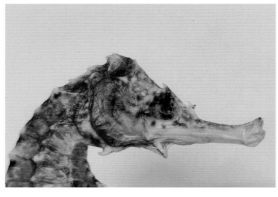

哈氏刀海龙 *Solegnathus hardwickii*　　别名：刀海龙

分类地位　辐鳍鱼纲ACTINOPTERYGII 刺鱼目GASTEROSTEIFORMES
海龙科Syngnathidae

保护级别　非保护　　　　**贸易类型**　活体、干制品

分　布　印度洋—西太平洋海域

⊙ **鉴别特征**　体特别延长且纤细，无鳞，由一系列骨环所组成；躯干部的上侧棱与尾部的上侧棱不连接，各体环的上缘及侧边均有一个暗褐色斑；吻长于后头部，主鳃盖无中纵棱，仅具有颗粒状放射线；尾端向腹面卷曲；体色呈淡褐色。

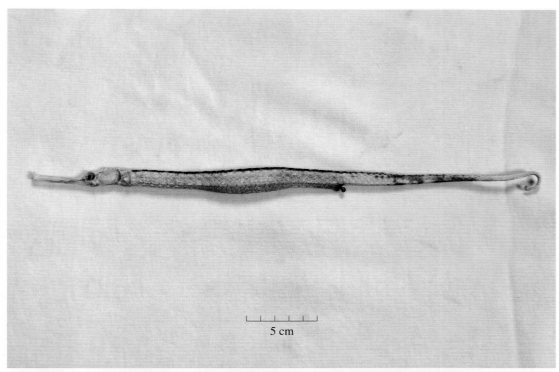

5 cm

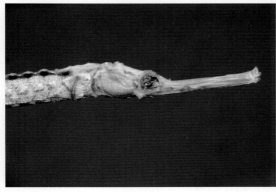
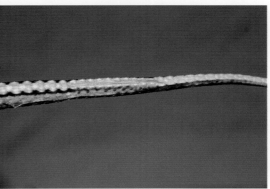

巨巴西骨舌鱼 *Arapaima gigas*

分类地位 辐鳍鱼纲 ACTINOPTERYGII 骨舌鱼目 OSTEOGLOSSIFORMES
骨舌鱼科 Osteoglossidae

保护级别 核准为国家二级、CITES 附录 II　　　**贸易类型** 活体

分　布 原产于南美洲亚马孙河流域，为我国引进种

👁 **鉴别特征** 体形长，稍侧扁；腹部圆；口中等大，口裂斜，无吻须，无下颌骨；前鳃盖骨发达，下鳃盖骨较小，舌上有坚固发达的牙齿；鳞片大且硬，呈镶嵌状；体呈银灰色，背部和尾部色深，随着鱼体长大，体后部鳞片外缘会逐渐变成鲜红色，并有斑纹。

美丽硬骨舌鱼 *Scleropages formosus*

分类地位 辐鳍鱼纲 ACTINOPTERYGII 骨舌鱼目 OSTEOGLOSSIFORMES
骨舌鱼科 Osteoglossidae

保护级别 核准为国家二级（仅限野外种群）、CITES 附录 I **贸易类型** 活体

分 布 从缅甸南部到马来半岛和印度尼西亚、泰国东部

👁 **鉴别特征** 体修长，侧扁；腹部宽，呈圆弧状；口裂斜，上侧位；吻须1对，须挺；背部略带弧形，背鳍和臀鳍位于体后部，互为相对，臀鳍和背鳍不与尾鳍相连，臀鳍鳍条26根，侧线鳞21～24枚；体色多样，通常呈黄红色。

鮣 *Echeneis naucrates*

分类地位 辐鳍鱼纲 ACTINOPTERYGII 鲈形目 PERCIFORMES 鮣科 Echeneidae

保护级别 非保护　　　　　　　　**贸易类型** 活体、标本

分　　布 世界各大洋的温暖海域均有分布

◉ **鉴别特征** 体极为延长，全身均被鳞；头部扁平，向后渐成圆柱状；顶端有由第1背鳍变形而成的吸盘，第2背鳍与臀鳍相对；腹鳍胸位，小型；尾柄细，尾鳍尖长；体色棕黄色或黑色。

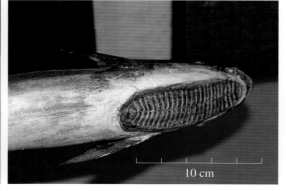

10 cm

尼罗尖吻鲈 *Lates niloticus*

分类地位	辐鳍鱼纲 ACTINOPTERYGII 鲈形目 PERCIFORMES 尖吻鲈科 Latidae
保护级别	非保护　　　　　　　**贸易类型**　鱼鳔干制品
分　布	尼罗河、塞内加尔河、图尔卡纳湖等

◉ **鉴别特征**　鱼鳔圆筒形，呈黄色、半透明状，较厚。

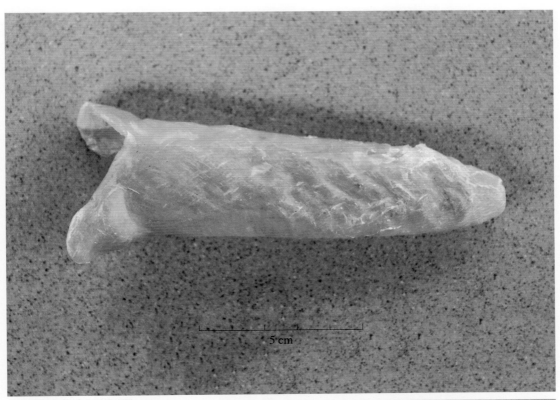

5 cm

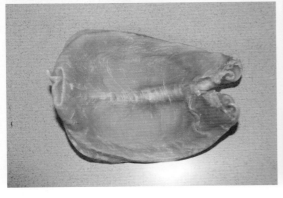

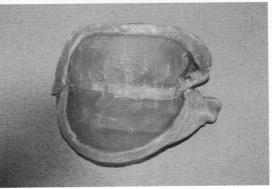

黄唇鱼 *Bahaba taipingensis*

分类地位 辐鳍鱼纲 ACTINOPTERYGII 鲈形目 PERCIFORMES 石首鱼科 Sciaenidae

保护级别 国家一级   **贸易类型** 鱼鳔干制品

分　　布 广东、福建、浙江等

◉ **鉴别特征** 鱼鳔形状特殊，呈圆筒形，前端宽平，由两侧各伸出一把约与鳔等长的向后伸入体壁肌肉层内的细长侧管（俗称胡须）。

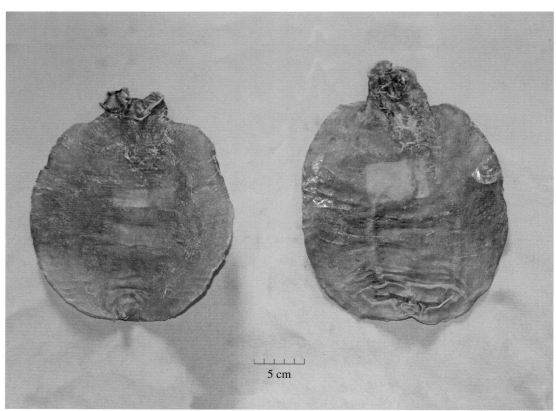

5 cm

苏里南犬牙石首鱼 *Cynoscion acoupa*

分类地位 辐鳍鱼纲 ACTINOPTERYGII 鲈形目 PERCIFORMES 石首鱼科 Sciaenidae

保护级别 非保护　　　　　　　**贸易类型** 鱼鳔干制品

分　布 西大西洋海域

👁 **鉴别特征** 鱼鳔呈黄色、半透明状，有腥味。

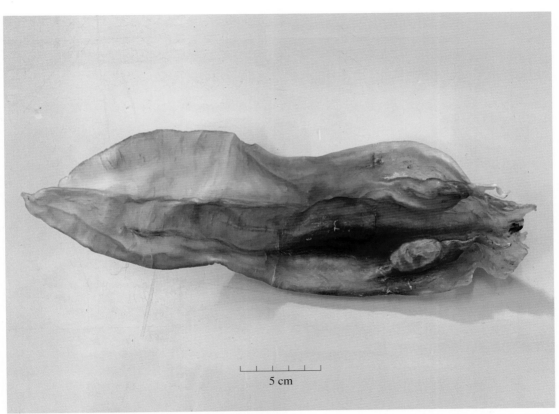

5 cm

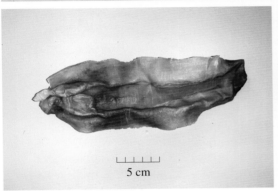

5 cm

5 cm

加利福尼亚湾石首鱼 *Totoaba macdonaldi*

分类地位 辐鳍鱼纲 ACTINOPTERYGII 鲈形目 PERCIFORMES 石首鱼科 Sciaenidae

保护级别 核准为国家一级、CITES 附录 I   **贸易类型** 鱼鳔干制品

分　　布 墨西哥加利福尼亚湾

◉ **鉴别特征** 鱼鳔形状特殊，呈浅棕色、半透明状，由两侧各伸出一把约与鳔等长的向后延长的细长侧管（俗称胡须），与黄唇鱼鱼鳔形状相似。

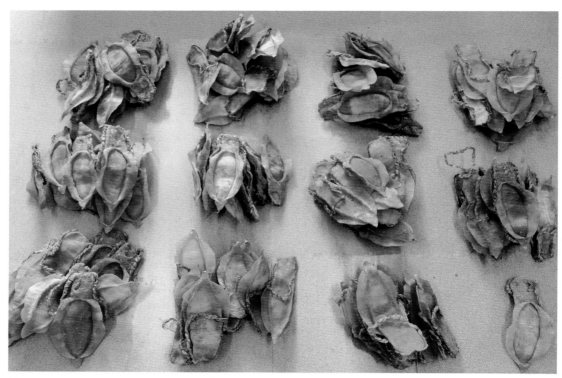

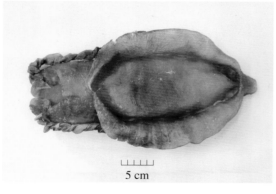

5 cm

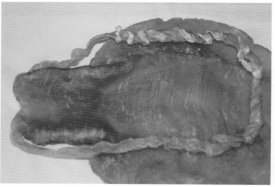

斑鱯 *Hemibagrus guttatus*

分类地位	辐鳍鱼纲ACTINOPTERYGII鲇形目SILURIFORMES鱯科Bagridae
保护级别	国家二级（仅限野外种群）　　**贸易类型**　活体
分　布	中国西南部和东南部、老挝、越南红河流域等

◉ **鉴别特征**　体中等延长，裸露，尾部侧扁，头圆钝、纵扁，眼小；前后鼻孔分离，前鼻孔有须，上颌突出于下颌，须4对，鼻须1对；背鳍有硬刺，硬刺前缘光滑，后缘有锯齿；体侧有大小不等的零星的圆形褐色斑点，背鳍、脂鳍和尾鳍有褐色小点并具黑边。

六斑刺鲀 *Diodon holocanthus*

分类地位 辐鳍鱼纲 ACTINOPTERYGII 鲀形目 TETRAODONTIFORMES
二齿鲀科 Diodontidae

保护级别 非保护 **贸易类型** 活体、标本

分　布 全世界的热带及亚热带海域均有分布

◉ **鉴别特征** 体宽短，稍平扁，头和体前部粗圆；头、体除吻端和尾柄外均被长棘，眼前缘下方无指向腹面的小棘；头上具有一个大型黑色横斑，胸鳍基底的上方各具有一黑色斑块，两眼间隔处通常有黑斑连接而横过眼间隔，体背部及侧面分散着小型黑色斑点；体背、侧面灰褐色，各鳍无黑色斑点。

10 cm

10 cm

凹鼻鲀 *Chelonodon patoca*

分类地位 辐鳍鱼纲 ACTINOPTERYGII 鲀形目 TETRAODONTIFORMES
鲀科 Tetraodontidae

保护级别 非保护　　　　　**贸易类型** 活体、标本

分　布 印度洋、西太平洋的热带、亚热带海域

👁 **鉴别特征** 体亚圆形，前部较粗圆，向后逐渐细狭，后部侧扁；头长小于鳃孔至背鳍起点的距离；上下颌各具2个喙状牙板，中央缝明显；眼间隔处有一黑褐色横带；尾部腹侧下缘具有一纵行弱皮褶；体背面鼻孔前方至背鳍基底前方被弱小刺，吻部、体侧及尾部均光滑无刺。

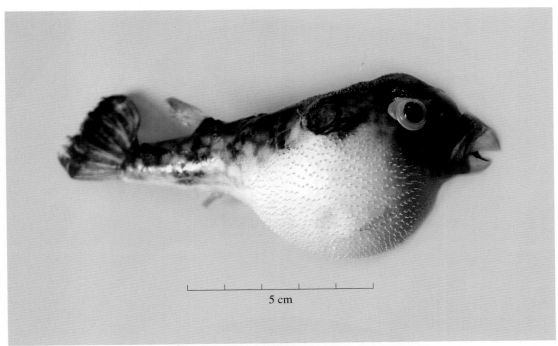

5 cm

海参科

子安辐肛参 *Actinopyga lecanora*

分类地位 海参纲 HOLOTHUROIDEA 楯手目 ASPIDOCHIROTIDA
海参科 Holothuriidae

保护级别 非保护　　　　　　**贸易类型** 干制品

分　布 中国、日本南部，马斯克林群岛、马达加斯加岛等

◉ **鉴别特征** 干品大致椭圆形，呈棕黑色，背部隆起，腹面扁平，背面具有浅褶皱，腹面光滑；通常干品长度10～12 cm。

5 cm

5 cm

帛琉辐肛参 *Actinopyga palauensis*

分类地位 海参纲 HOLOTHUROIDEA 楯手目 ASPIDOCHIROTIDA
海参科 Holothuriidae

保护级别 非保护 **贸易类型** 干制品

分　布 澳大利亚东部及太平洋群岛等

👁 **鉴别特征** 干品圆筒形，体色深棕色至黑色，两端钝圆，身体中间部分没有明显变大，背面崎岖不平且有细微褶皱；通常干品长度15～20 cm。

5 cm

5 cm

37

二斑白尼参 *Bohadschia bivittata*

分类地位 海参纲 HOLOTHUROIDEA 楯手目 ASPIDOCHIROTIDA
海参科 Holothuriidae

保护级别 非保护　　　**贸易类型** 干制品

分　　布 西太平洋中部海域

👁 **鉴别特征**　干品圆柱形，背面棕黄色，腹面棕色或浅棕色，有两条大黑斑带；通常干品长度12～18 cm。

5 cm

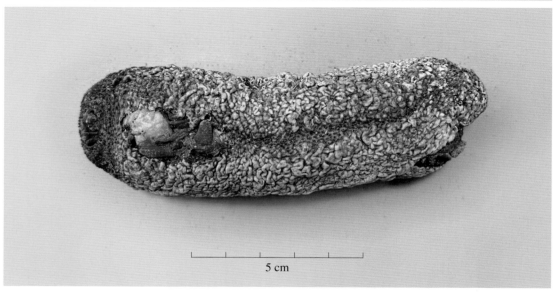

5 cm

维提白尼参 *Bohadschia vitiensis*

分类地位 海参纲 HOLOTHUROIDEA 楯手目 ASPIDOCHIROTIDA
海参科 Holothuriidae

保护级别 非保护   **贸易类型** 干制品

分　布 印度洋—太平洋海域

👁 **鉴别特征**　干品圆柱形，棕色至棕黑色，背面隆起，腹部适度扁平，背部有微皱纹理；通常干品长度 12～15 cm。

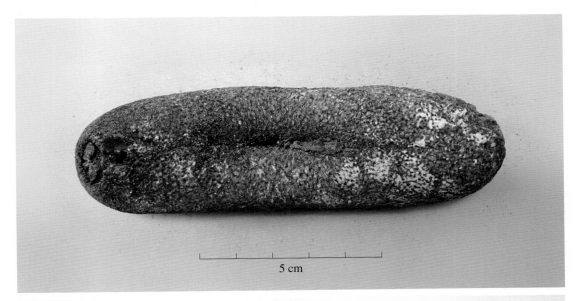

5 cm

5 cm

海参科

39

黑海参 *Holothuria atra*

分类地位 海参纲 HOLOTHUROIDEA 楯手目 ASPIDOCHIROTIDA
海参科 Holothuriidae

保护级别 非保护　　　　　　**贸易类型** 干制品

分　布 印度洋—太平洋海域

◉ **鉴别特征** 干品窄圆柱形，呈黑色，整个身体表面光滑，背面有横向褶皱；通常干品长度5～12 cm。

5 cm

5 cm

象鼻参 *Holothuria fuscopunctata*

分类地位 海参纲HOLOTHUROIDEA楯手目ASPIDOCHIROTIDA
海参科Holothuriidae

保护级别 非保护　　　**贸易类型** 干制品

分　布 中西太平洋、亚洲、非洲等

◉ **鉴别特征** 干品长圆柱形，背面淡棕色至米黄色，带有深槽，腹面平滑，背部隆起，腹面扁平，整个身体有微小的黑点；通常干品长度20～25 cm。

5 cm

墨西哥海参 *Holothuria mexicana*

<u>分类地位</u> 海参纲HOLOTHUROIDEA 楯手目ASPIDOCHIROTIDA
海参科Holothuriidae

<u>保护级别</u> 非保护 　　　　　　<u>贸易类型</u> 干制品

<u>分　　布</u> 沿佛罗里达群岛、巴哈马群岛等广泛分布

👁 **鉴别特征** 干品长圆柱形，颜色为深棕色至微黑色，身体两端逐渐变细，背部有深的崎岖不平的纹理；通常干品长度12～25 cm。

5 cm

糙海参 *Holothuria scabra*

分类地位	海参纲 HOLOTHUROIDEA 楯手目 ASPIDOCHIROTIDA 海参科 Holothuriidae

保护级别	非保护	贸易类型	干制品

分　布	印度洋—太平洋热带海域（除夏威夷）

👁 **鉴别特征**　干品圆柱形，深褐色至黑色，末端钝圆且弯曲，腹面常为琥珀棕色，背面具有深的横向褶皱；通常干品长度 10～15 cm。

5 cm

5 cm

糙刺参 *Stichopus horrens*

分类地位 海参纲HOLOTHUROIDEA楯手目ASPIDOCHIROTIDA
刺参科Stichopodidae

保护级别 非保护　　　　**贸易类型** 干制品

分　布 中国、菲律宾、日本南部等

⊙ **鉴别特征** 干品纤细，呈棕色至棕黑色；背面有疣状突起，腹面光滑，带有尖的疣足；腹部扁平，管足明显可见；通常干品长度8~12 cm。

5 cm

5 cm

5 cm

梅花参 *Thelenota ananas*

分类地位 海参纲HOLOTHUROIDEA楯手目ASPIDOCHIROTIDA
刺参科Stichopodidae

保护级别 CITES附录 Ⅱ   **贸易类型** 干制品

分　布 中国、菲律宾、澳大利亚北部及中西太平洋岛屿等

👁 **鉴别特征** 干品相对细长，颜色棕色至黑色；背部覆盖着棕色至黑色的尖刺，常呈星形；腹面呈淡棕色颗粒状；通常干品长度20～25 cm。

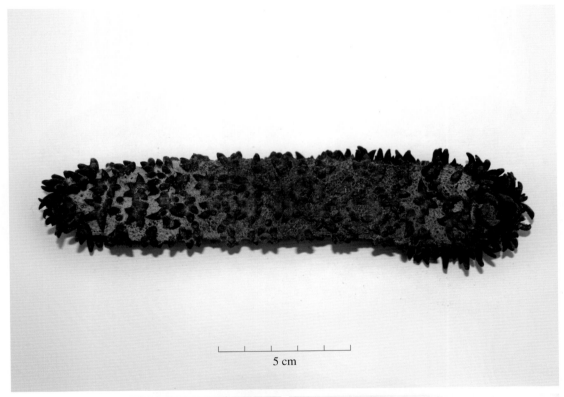

5 cm

刺参科

巨梅花参 *Thelenota anax*

分类地位 海参纲 HOLOTHUROIDEA 楯手目 ASPIDOCHIROTIDA
刺参科 Stichopodidae

保护级别 CITES 附录 II　　　　　　　**贸易类型** 干制品

分　布 印度洋—西太平洋海域

◉ **鉴别特征** 干品相对较长，身体呈现深浅不一的棕色；背面粗糙，覆盖疣状突起；腹面呈颗粒状；通常干品长度 15～20 cm。

5 cm

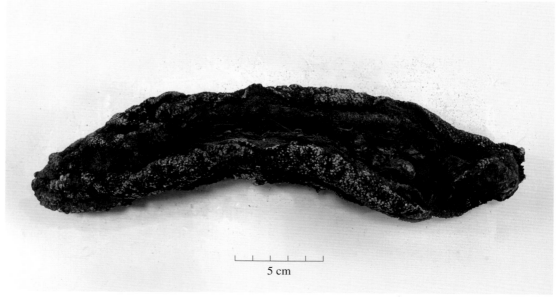

5 cm

中国鲎 *Tachypleus tridentatus*

分类地位	肢口纲 MEROSTOMATA 剑尾目 XIPHOSURA 鲎科 Tachypleidae

保护级别	国家二级	贸易类型	活体

分　布	中国沿海均有分布，且为印度洋和太平洋海域的广布种

◉ **鉴别特征**　体表覆盖有外骨骼，黑褐色，呈瓢状，背甲凸起较高；由头胸部、腹部和尾部组成；腹甲侧缘各有6枚强棘，腹甲的腹面有6对书页状游泳肢；剑尾呈三角锥形，布满棘刺，剑尾的腹面呈凹面。

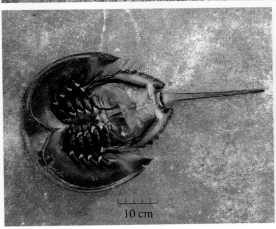

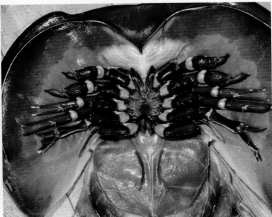

澳洲岩龙虾 *Jasus edwardsii*

分类地位　软甲纲MALACOSTRACA 十足目DECAPODA 龙虾科Palinuridae
保护级别　非保护　　　　　　　贸易类型　活体
分　　布　澳大利亚等

⊙ **鉴别特征**　头胸部粗大，呈圆筒状；背腹稍平扁；头胸甲发达，坚厚多棘，前缘中央有一对强大的眼上棘；腹节背板粗糙，尾扇宽短；外壳火红色，步足有膜质鲜红色带，体色深红色或橘色。

10 cm

西澳天鹅龙虾 *Panulirus cygnus*

分类地位　软甲纲 MALACOSTRACA 十足目 DECAPODA 龙虾科 Palinuridae

保护级别　非保护　　　　贸易类型　活体

分　　布　澳大利亚西部等

👁 **鉴别特征**　头胸部粗大，呈圆筒状；背腹稍平扁；头胸甲坚厚多棘；腹节背板粗糙，边缘有绒毛，尾扇宽短；外壳火红色，步足有膜质鲜橘红色带。

锦绣龙虾 *Panulirus ornatus*

分类地位 软甲纲 MALACOSTRACA 十足目 DECAPODA 龙虾科 Palinuridae

保护级别 国家二级（仅限野外种群）　　**贸易类型** 活体

分　　布 东海和南海；日本、印度尼西亚、澳大利亚、新加坡及非洲东部海域等

◉ **鉴别特征** 头胸部粗大，呈圆筒形；头部散有少量短小刺，触角板上有 2 对大刺，大刺间有 1 对小刺；腹节背板光滑无横沟，仅散有细小点刻，头胸甲前部背面有美丽的五彩花纹，腹部背面有棕色斑，步足有黄白色圆环。

珠母贝 *Pinctada margaritifera*　别名：黑碟贝

分类地位	双壳纲BIVALVIA珍珠贝目PTERIOIDA珍珠贝科Pteriidae
保护级别	非保护　　　　　　　　贸易类型　贝壳
分　布	南海；印度洋—西太平洋热带、亚热带海域

◉ **鉴别特征**　贝壳近圆形，壳顶前后具耳，后耳较前耳大；壳面呈黑褐色或青褐色，可见白色或灰白色放射带，具覆瓦状排列的鳞片；壳内面银白色，周缘为黑褐色，具珍珠光泽；闭壳肌痕大而明显，铰合部无齿。

10 cm

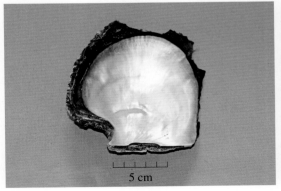

5 cm

5 cm

大珠母贝 *Pinctada maxima* 别名：白碟贝

分类地位	双壳纲 BIVALVIA 珍珠贝目 PTERIOIDA 珍珠贝科 Pteriidae
保护级别	国家二级（仅限野外种群） **贸易类型** 贝壳、制品
分　布	南海；西太平洋热带海域

◉ **鉴别特征** 壳大而扁平，近圆形，其中一角稍方；壳质厚；前耳小，后耳不明显；壳面黄褐色，生长纹层次排列，形如覆瓦状鳞片；壳内面珍珠层厚，银白色，富有光泽，近外缘一周呈淡黄褐色；闭壳肌痕宽大，略呈椭圆形，近贝壳正中，铰合部无齿。

10 cm

砗蚝 *Hippopus hippopus*

分类地位 双壳纲 BIVALVIA 帘蛤目 VENEROIDA 砗磲科 Tridacnidae

保护级别 国家二级（仅限野外种群）、CITES附录 II　　**贸易类型** 贝壳

分　布 海南、西沙群岛、南沙群岛；印度洋—西太平洋热带海域

⊙ **鉴别特征** 贝壳大型，壳长通常小于 30 cm；贝壳近菱形或略呈平行四边形，坚硬厚重；壳面黄白色，稍平滑，具粗细不等的放射肋约 10 条，肋上有紫褐色条纹或斑块；壳内面光滑洁白，形似一串香蕉，腹缘不平滑，呈翻起的钝状褶皱。

53

番红砗磲 *Tridacna crocea*

分类地位 双壳纲 BIVALVIA 帘蛤目 VENEROIDA 砗磲科 Tridacnidae

保护级别 国家二级（仅限野外种群）、CITES 附录 II　　**贸易类型** 贝壳、制品

分　布 海南、西沙群岛；印度洋—西太平洋热带海域

◉ **鉴别特征** 贝壳大型，壳长通常小于 20 cm；贝壳呈卵圆形，壳质坚硬且厚；壳面黄白色，或青白色而略带红色，具有平缓起伏的放射肋和肋间沟，肋上鳞片低矮平坦；壳内面光滑洁白，腹缘一圈呈指状突起。

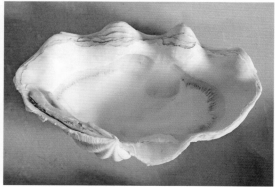

大砗磲 *Tridacna gigas*　　　别名：库氏砗磲

分类地位	双壳纲 BIVALVIA 帘蛤目 VENEROIDA 砗磲科 Tridacnidae
保护级别	国家一级、CITES 附录 II　　**贸易类型**　贝壳、制品
分　布	海南；印度洋—西太平洋热带海域

👁 **鉴别特征**　双壳纲中体形最大的贝类，平均壳长大于 60 cm；贝壳略呈三角形或扇形，坚硬厚重，两壳等大；壳面灰白色，粗糙，常覆盖石灰质，具 4～6 条粗大且高高隆起的放射肋，生长纹明显，呈层次排列，如覆瓦状；壳内面光滑、白色，腹缘呈波浪状弯曲，上下起伏大。

10 cm

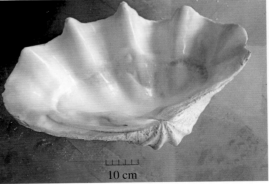

10 cm

55

长砗磲 *Tridacna maxima*

分类地位　双壳纲 BIVALVIA 帘蛤目 VENEROIDA 砗磲科 Tridacnidae

保护级别　国家二级（仅限野外种群）、CITES 附录 Ⅱ　　　**贸易类型**　贝壳、制品

分　　布　海南、西沙群岛、南沙群岛；印度洋—西太平洋热带海域

◉ **鉴别特征**　贝壳大型，壳长通常小于 40 cm；壳形长，贝壳前端伸长，后端短，近长椭圆形，坚硬厚重；壳面黄白色，粗糙，具宽大的放射肋，肋上有突起的发达鳞片；壳内面光滑洁白，腹缘有一排较粗大的指状突起。

10 cm

鳞砗磲 *Tridacna squamosa*

分类地位 双壳纲BIVALVIA帘蛤目VENEROIDA砗磲科Tridacnidae

保护级别 国家二级（仅限野外种群）、CITES附录Ⅱ　　**贸易类型** 贝壳、制品

分　布 海南、西沙群岛、南沙群岛；印度洋—西太平洋热带海域

◉ **鉴别特征** 贝壳大型，壳长通常小于40 cm；贝壳略呈卵圆形，坚硬厚重；壳面黄白色，粗糙，具4～6条粗大的放射肋，肋上有纵向排列的宽而翘起的大鳞片；壳内面光滑洁白，腹缘呈"W"形弯曲，起伏较大。

鹦鹉螺 Nautilidae spp.

（分类地位）头足纲 CEPHALOPODA 鹦鹉螺目 NAUTILIDA 鹦鹉螺科 Nautilidae

（保护级别）国家一级、CITES 附录 II　　（贸易类型）贝壳

（分　布）南海；西南太平洋热带海域

◉ **鉴别特征**　贝壳大型，壳长通常小于20 cm；贝壳呈螺旋形盘卷，壳口大，螺壳薄而轻、光滑，暖白色，脐部周围一圈布有许多红褐色放射状条纹，但未伸展至体层最宽大处；壳内由隔片分隔为数十个隔室，每个隔片中央有小孔贯穿。

5 cm

火枪乌贼 *Loligo beka*

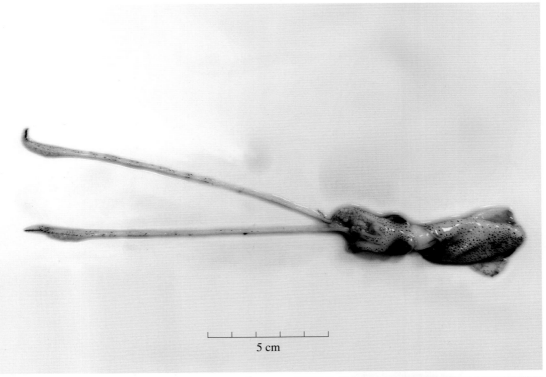

分类地位 头足纲 CEPHALOPODA 枪形目 TEUTHOIDEA 枪乌贼科 Loliginidae

保护级别 非保护　　　　　　　**贸易类型** 活体、死体

分　布 渤海、黄海、东海；日本群岛南部海域

⊙ **鉴别特征** 胴部圆锥形，后部削直；肉鳍位于胴后，两鳍相接多呈纵菱形，鳍的长度大于胴体的1/2；体表具有大小相间的小型的近圆形色素斑；腕吸盘2行；腕吸盘角质环具4～5个宽板齿。

5 cm

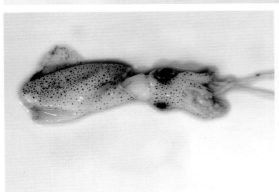 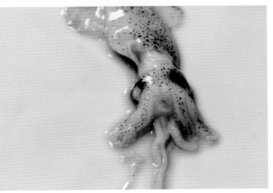

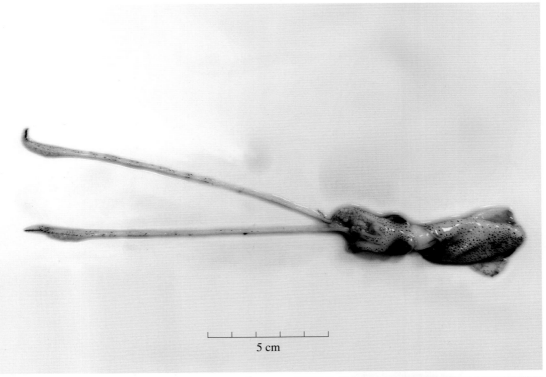

剑尖枪乌贼 *Loligo edulis*

分类地位	头足纲 CEPHALOPODA 枪形目 TEUTHOIDEA 枪乌贼科 Loliginidae

保护级别　非保护　　　贸易类型　活体、死体

分　布　西太平洋海域

👁 **鉴别特征**　胴部圆锥形，雄性胴腹中央具有一条筋肉隆起；体表有小型的大小相间的近圆形色素斑；肉鳍较长，约为胴体的3/5，两鳍相接呈纵菱形；眼眶外具膜；触腕穗膨大，吸盘4列，中间2行大，基部、顶部和边缘小；大吸盘角质环具大小相间的尖齿，腕吸盘角质环具板齿。

5 cm

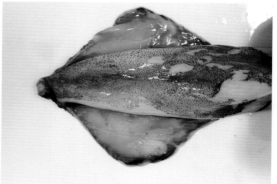

夜光蝾螺 *Turbo marmoratus*

分类地位 腹足纲 GASTROPODA 原始腹足目 ARCHAEOGASTROPODA
蝾螺科 Turbinidae

保护级别 国家二级　　　　　　**贸易类型** 贝壳

分　布 南海；西太平洋热带海域

◉ **鉴别特征** 壳大小中等，近球形；壳质厚重；壳面平滑，暗绿色，夹有褐色、白色相间的环带多条；体螺层膨大，螺旋部锥形，部分个体的肩角处有结节突起；壳口大而圆，壳口内纯白色，具珍珠光泽。

5 cm

法螺 *Charonia tritonis*

分类地位	腹足纲 GASTROPODA 玉黍螺目 LITTORINIMORPHA

法螺科 Charoniidae

保护级别	国家二级		贸易类型	贝壳

分 布	海南、西沙群岛、南沙群岛；印度洋—西太平洋暖水域

👁 **鉴别特征**　贝壳体形大，形似号角，壳质厚而不重；壳面黄白色，布有褐色的鳞片状斑纹；螺旋部高而尖，具粗细相间的螺肋和颗粒突起；外唇内缘具成对的褐色齿肋，轴唇上有白色、褐色相间的条状褶襞。

唐冠螺 *Cassis cornuta* 别名：冠螺

分类地位	腹足纲 GASTROPODA 中腹足目 MESOGASTROPODA 冠螺科 Cassididae
保护级别	国家二级
贸易类型	贝壳
分　布	南海；印度洋—西太平洋暖水域

◉ **鉴别特征**　体形大而厚重，近球形，似古时冠帽，故而得名；壳面暖白色，夹杂排列规则的红褐色斑纹和斑块；螺旋部低平，体螺层膨大，其上有3～4条粗壮的纵肿肋，肋上具结节突起，体螺层肩部有大而突出的角状突起；壳口狭长，橘黄色，唇部宽厚。

5 cm

宝冠螺 *Cypraecassis rufa*

分类地位 腹足纲 GASTROPODA 中腹足目 MESOGASTROPODA
冠螺科 Cassididae

保护级别 非保护

贸易类型 贝壳、制品

分　　布 南海；印度洋—西太平洋海域

⊙ 鉴别特征 贝壳呈膨大的卵圆形，体螺层上有4～5列短而钝的指状突起，螺旋部低矮；壳面褐色，夹杂黄白色和淡紫色斑纹；壳口狭长，唇部呈橙红色，富有光泽，内缘具白色褶襞。

5 cm

虎斑宝贝 *Cypraea tigris*

分类地位	腹足纲 GASTROPODA 中腹足目 MESOGASTROPODA 宝贝科 Cypraeidae
保护级别	国家二级
贸易类型	贝壳
分　布	南海；印度洋—西太平洋热带海域

👁 **鉴别特征**　贝壳卵圆形，坚硬且轻；壳面极光滑，呈灰白色和淡褐色，布满不规则的黑褐色斑点；贝壳的两侧和腹面为白色；壳口窄长，位于贝壳腹面，两唇具齿列，壳口内呈白色；贝壳的前水管沟稍长、凸出，后水管沟短而钝。

5 cm

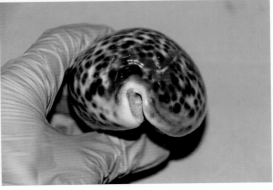

阿文绶贝 *Mauritia arabica*

分类地位 腹足纲 GASTROPODA 中腹足目 MESOGASTROPODA
宝贝科 Cypraeidae

保护级别 非保护　　　　　　　　　　**贸易类型** 贝壳

分　布 南海；印度洋—西太平洋热带海域

👁 **鉴别特征** 贝壳卵圆形，坚硬且轻；壳面极光滑，呈黄褐色，其上密布不规则的褐色花纹；背线明显；底缘两侧有均匀分布的黑褐色模糊斑点，腹面为淡淡的红褐色，齿红褐色。

鼹贝 *Talparia talpa*

分类地位	腹足纲 GASTROPODA 中腹足目 MESOGASTROPODA 宝贝科 Cypraeidae
保护级别	非保护
贸易类型	贝壳
分　布	南海；印度洋—太平洋热带海域

◉ **鉴别特征** 贝壳长椭圆形，坚硬且轻；壳面极光滑，呈淡黄褐色，其上有3条黄白色环带；腹面深棕色。

水字螺 *Lambis chiragra*

分类地位 腹足纲 GASTROPODA 中腹足目 MESOGASTROPODA
凤螺科 Strombidae

保护级别 非保护　　　　　　　　　**贸易类型** 贝壳

分　　布 南海；印度洋—西太平洋海域

◉ **鉴别特征** 体形大而厚重，壳面黄白色，密布褐色花纹；壳口呈黄粉色；体螺层有瘤状突起和粗细不等的螺肋，四周有6条粗大的钩状棘，呈"水"字形。

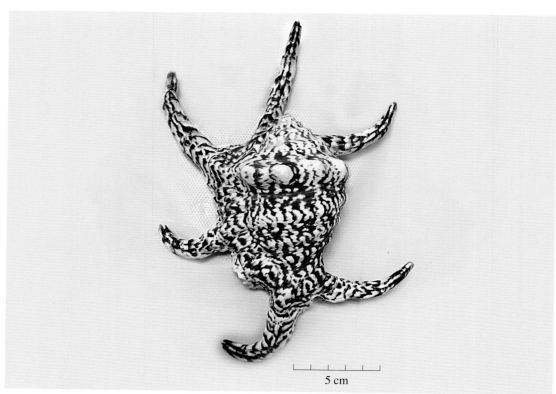

5 cm

5 cm

橘红蜘蛛螺 *Lambis crocata*

分类地位 腹足纲 GASTROPODA 中腹足目 MESOGASTROPODA
凤螺科 Strombidae

保护级别 非保护　　　　　　　贸易类型 贝壳

分　布 南海；印度洋—西太平洋热带海域

◉ **鉴别特征** 壳长约 10 cm；壳面黄褐色，其上有粗细相间的螺肋、结节，以及白色、褐色相间的花纹；壳口橘红色，外唇扩张，边缘有7条细长的爪状棘，7条棘位于螺体的同一侧且指向与壳顶方向相同或相近。

5 cm

千足蜘蛛螺 *Lambis millepeda*

分类地位 腹足纲 GASTROPODA 中腹足目 MESOGASTROPODA
凤螺科 Strombidae

保护级别 非保护　　　　　　　　　　**贸易类型** 贝壳

分　布 南海；印度洋—西太平洋海域

👁 **鉴别特征** 壳面黄白色，具淡褐色花纹；螺层具肩角，缝合线黑而明显，其上有结节；壳口狭长，呈红褐色，有白色与褐色相间的肋纹；外唇扩张，边缘有12条爪状棘，12条棘均位于螺体的同一侧。

黑口凤螺 *Strombus aratrum*

分类地位	腹足纲 GASTROPODA 中腹足目 MESOGASTROPODA 凤螺科 Strombidae

保护级别	非保护	贸易类型	贝壳

分　布	南海；西太平洋热带海域

⊙ **鉴别特征**　壳面灰白色，密布褐色的斑点和花纹；壳口狭长，内面杏黄色；外唇厚，近前端有"U"形唇窦，后端向壳顶方向伸出指状长棘；内唇上半部和外唇边缘均呈栗褐色，外唇背面有褐色和黄色相间的条纹。

5 cm

展凤螺 *Strombus dilatatus*

分类地位 腹足纲 GASTROPODA 中腹足目 MESOGASTROPODA
凤螺科 Strombidae

保护级别 非保护　　　　　　　　　**贸易类型** 贝壳

分　布 南海；东南亚

◉ **鉴别特征** 壳面黄褐色，螺旋部有纵向隆起的螺肋和细螺肋；壳口狭长，内侧紫褐色，具放射状细螺纹；外唇后缘延伸至螺旋部基部，基部螺肋明显。

5 cm

大凤螺 *Strombus gigas*　　别名：胭脂螺、女王凤凰螺

分类地位　腹足纲 GASTROPODA 中腹足目 MESOGASTROPODA
凤螺科 Strombidae

保护级别　核准为国家二级（仅限野外种群）、CITES附录Ⅱ　**贸易类型**　贝壳、制品

分　布　加勒比海

👁 **鉴别特征**　体形大而厚重；壳表呈淡黄白色，部分地方有黄褐色壳皮；体螺层大，螺旋部长度约占贝壳的1/3，各螺层肩角处都有强大的角状突起；壳口狭长，外唇扩张而呈耳状，粉红色，前端有凤螺科物种特有的"U"形外唇窦。

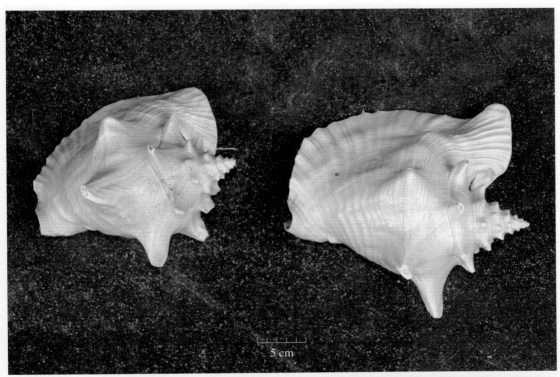

5 cm

5 cm

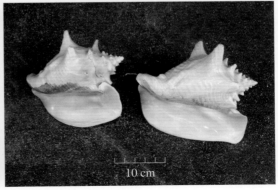

10 cm

宽凤螺 *Strombus latissimus*

分类地位 腹足纲 GASTROPODA 中腹足目 MESOGASTROPODA
凤螺科 Strombidae

保护级别 非保护   **贸易类型** 贝壳

分　　布 南海；西太平洋热带海域

◉ **鉴别特征**　贝壳如拳形；壳面淡黄色，具褐色或深褐色的花纹和斑块；体螺层宽大，螺旋部小，肩角处有环形的小结节突起；外唇扇面状，边缘曲线平滑，向壳顶扩张而超出螺旋部；唇内缘厚，形成宽大的脊，呈淡橘色。

5 cm

紫袖凤螺 *Strombus sinuatus*

分类地位 腹足纲 GASTROPODA 中腹足目 MESOGASTROPODA
凤螺科 Strombidae

保护级别 非保护 　　　**贸易类型** 贝壳

分　布 南海；西太平洋热带海域

◉ **鉴别特征** 　壳面淡黄色，具淡黄褐色花纹，黄白相间；壳口内面淡紫红色，外唇扩张而呈扇形，外唇外缘呈不规则的波浪形；螺旋部肩角处具有小的结节突起。

左旋香螺 *Busycon contrarium*

分类地位 腹足纲 GASTROPODA 新腹足目 NEOGASTROPODA 蛾螺科 Buccinidae

保护级别 非保护　　　　　　　　　**贸易类型** 贝壳

分　　布 美国东南沿海

👁 **鉴别特征** 壳体左旋，呈略微扭曲的圆锥形；壳表白色，有灰褐色螺带和纵纹；体螺层大，肩部具棘状结节，螺塔短而尖；前水管沟长，螺轴光滑，壳口有螺脊，壳表有螺肋。

10 cm

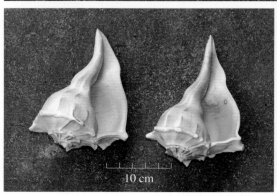

10 cm

信号芋螺 *Conus litteratus*

芋螺科

分类地位 腹足纲GASTROPODA新腹足目NEOGASTROPODA芋螺科Conidae

保护级别 非保护　　　　　　**贸易类型** 贝壳

分　布 南海；印度洋—西太平洋热带海域

◉ **鉴别特征** 贝壳圆锥形，厚重；壳面黄褐色，其上有规则排列的黑褐色斑点；螺旋部低平；壳口狭长，有小片紫褐色。

长尾纺锤螺 *Fusinus longicaudus*

分类地位 腹足纲 GASTROPODA 新腹足目 NEOGASTROPODA
细带螺科 Fasciolariidae

保护级别 非保护　　　　　　贸易类型 贝壳

分　　布 东海、南海；西太平洋海域

◉ **鉴别特征** 壳呈长纺锤形，壳面黄白色，具粗细相间的螺旋肋；螺旋部各螺层的纵肿肋突出；壳口卵圆形，外缘呈锯齿状或波浪状；前沟长，约占壳长的1/3，微曲，呈管状。

5 cm

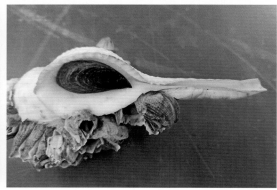

旋纹细肋螺 *Pleuroploca filamentosa*

分类地位 腹足纲 GASTROPODA 新腹足目 NEOGASTROPODA
细带螺科 Fasciolariidae

保护级别 非保护 　　**贸易类型** 贝壳

分　布 台湾、西沙群岛、南沙群岛；印度洋—西太平洋热带海域

◉ **鉴别特征** 壳呈纺锤形，螺旋部塔状；壳面褐色，有近似于平行排列的深褐色细环纹；各螺层肩部膨胀，形成肩角，肩角上有结节突起；前沟较长，管状，内唇轴上有3条肋状齿。

5 cm

结节竖琴螺 *Harpa articularis*

分类地位	腹足纲 GASTROPODA 新腹足目 NEOGASTROPODA 竖琴螺科 Harpidae

保护级别 非保护　　**贸易类型** 贝壳

分　布 广东、海南、台湾；西太平洋热带海域

👁 **鉴别特征**　壳质薄而轻，芒果形；壳面淡黄褐色，具发达的纵肋，肋上有褐色条纹，肋间沟有"V"形花纹；体螺层大而膨起，腹缘深褐色；壳口大，螺旋部小。

5 cm

笔螺 *Mitra mitra*

分类地位	腹足纲 GASTROPODA 新腹足目 NEOGASTROPODA 笔螺科 Mitridae
保护级别	非保护　　　　　　　　贸易类型　贝壳
分　布	台湾、西沙群岛、南沙群岛；印度洋—西太平洋热带海域

◉ **鉴别特征**　贝壳形如竹笋，螺旋部高；壳面白色，布满橘红色斑块；壳口狭长，内唇橘黄色，前沟有缺刻，轴唇上有4条肋状齿。

棘螺 *Chicoreus ramosus*

分类地位	腹足纲 GASTROPODA 新腹足目 NEOGASTROPODA 骨螺科 Muricidae
保护级别	非保护　　　　　　　　　　**贸易类型**　贝壳
分　布	南海、东海；印度洋—西太平洋热带海域

◉ **鉴别特征**　壳面淡褐色，螺旋部较低；体螺层上有粗纵肋3条，肋上有凸出的棘，以肩角处的棘最为粗壮；壳口大，近圆形，外唇至前水管沟部位有8条粗壮棘。

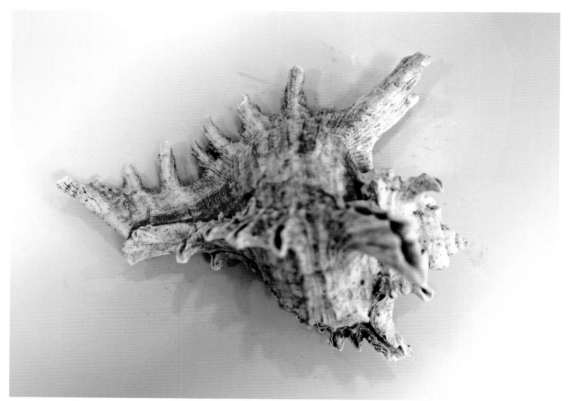

罟纹笋螺 *Terebra maculata*

分类地位　腹足纲 GASTROPODA 新腹足目 NEOGASTROPODA 笋螺科 Terebridae

保护级别　非保护　　　　贸易类型　贝壳

分　布　台湾、西沙群岛、南沙群岛；印度洋—西太平洋热带海域

◉ **鉴别特征**　贝壳长尖锥形，螺旋部高，壳质厚而坚硬；各螺层中部有一黄白色螺沟，螺沟两侧各有一列紫褐色斑块；壳面环绕着淡黄色和白色相间的环带。

美丽尖柱螺 *Papustyla pulcherrima*

分类地位 腹足纲 GASTROPODA 柄眼目 STYLOMMATOPHORA
坚齿螺科 Camaenidae

保护级别 CITES 附录 II   **贸易类型** 壳

分　布 巴布亚新几内亚

◎ **鉴别特征** 壳小，薄而轻，尖塔形；壳面翠绿色，缝合线上常有明黄色条纹；壳口大而圆，稍朝下。

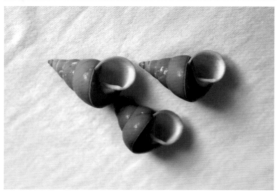

彩条蜗牛 *Polymita* spp. 别名：古巴蜗牛

分类地位	腹足纲 GASTROPODA 柄眼目 STYLOMMATOPHORA 扁雕蜗牛科 Cepolidae

分类地位 腹足纲 GASTROPODA 柄眼目 STYLOMMATOPHORA
扁雕蜗牛科 Cepolidae

保护级别 CITES 附录 I   **贸易类型** 壳

分 布 古巴

◉ **鉴别特征** 壳小，薄而轻；壳面色彩斑斓、颜色丰富，有美丽鲜艳的花纹条带。

红珊瑚 Coralliidae spp.

分类地位	珊瑚纲ANTHOZOA软珊瑚目ALCYONACEA红珊瑚科Coralliidae

保护级别 国家一级、CITES附录Ⅲ **贸易类型** 骨骼、制品

分布 东海、南海；日本、韩国、帕劳，菲律宾群岛、夏威夷群岛

◉ **鉴别特征** 群体为树枝状，具碳酸钙骨骼，骨骼颜色多样，常呈红色、橘色、粉色、白色等，质地紧密，硬度较高；枝干表面具有平行生长纹，方向为平行于珊瑚柱体；横截面可见白芯和同心生长纹；红珊瑚制品具玻璃质或蜡质光泽。

在我国有分布的瘦长红珊瑚（*Corallium elatius*）、日本红珊瑚（*Corallium japonicum*）、皮滑红珊瑚（*Corallium konjoi*）、巧红珊瑚（*Corallium secundum*）被列入CITES附录Ⅲ。

5 cm

竹节柳珊瑚 *Isis* spp.

分类地位 珊瑚纲 ANTHOZOA 软珊瑚目 ALCYONACEA 竹节柳珊瑚科 Isididae

保护级别 国家二级　　**贸易类型** 骨骼、制品

分　布 中沙群岛、南沙群岛、西沙群岛；西太平洋

⊙ **鉴别特征** 骨骼为石灰质中轴，呈白色或黄白色，具浅色粗纹，纹间距大。此种珊瑚常经染色后仿冒为红珊瑚出售，染色的珊瑚常常着色不均，颜色不自然，易沉积于裂隙及不光滑的表面。

在我国有分布的粗糙竹节柳珊瑚（*Isis hippuris*）、细枝竹节柳珊瑚（*Isis minorbrachy-blasta*）、网枝竹节柳珊瑚（*Isis reticulata*）属于国家二级保护野生动物。

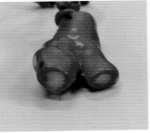

海底柏科

海底柏 *Melithaea* spp.

分类地位	珊瑚纲 ANTHOZOA 软珊瑚目 ALCYONACEA 海底柏科 Melithaidae

保护级别 非保护　　　　**贸易类型** 骨骼、制品

分　布 南海

◎ **鉴别特征** 群体形似扁柏或灌木，呈红色；枝干表面粗糙，多孔隙，内部为石灰质中轴，具蜂窝状细孔；枝节呈球形，分枝从枝节上产生，小枝在一扇面上。

10 cm

笙珊瑚 Tubiporidae spp.

分类地位	珊瑚纲 ANTHOZOA 软珊瑚目 ALCYONACEA 笙珊瑚科 Tubiporidae
保护级别	国家二级、CITES附录 II　　贸易类型　骨骼
分　布	南海；印度洋、太平洋

分类地位 珊瑚纲 ANTHOZOA 软珊瑚目 ALCYONACEA 笙珊瑚科 Tubiporidae

保护级别 国家二级、CITES附录 II　　　　　**贸易类型** 骨骼

分　布 南海；印度洋、太平洋

👁 **鉴别特征** 呈半球形或团块形，表面平坦；水螅体伸出时仿若蒲公英，其下具坚硬的碳酸钙骨骼，骨骼由许多红色细管构成，细管直径1～2 mm，排列成束状，形如笙管。

10 cm

角珊瑚 Antipatharia spp.　别名：黑珊瑚、海铁树、海柳

分类地位　珊瑚纲ANTHOZOA角珊瑚目ANTIPATHARIA

保护级别　国家二级、CITES附录 II　　贸易类型　骨骼、制品

分　布　南海；印度尼西亚、澳大利亚、印度，印度洋、地中海

◉ **鉴别特征**　形似树木，枝干为黑色的中轴骨骼，骨骼主要由角质有机物组成，肉眼看去犹如木质，枝丫上分枝多、密集且不规则；枝干质地坚韧，耐腐蚀，横断面有年轮状的同心圆构造。

10 cm

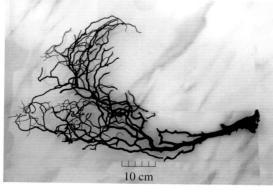

10 cm

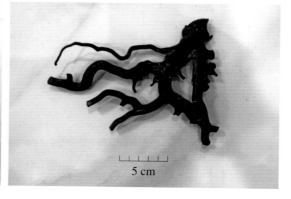

5 cm

苍珊瑚 *Heliopora coerulea*   别名：蓝珊瑚

分类地位　珊瑚纲ANTHOZOA苍珊瑚目HELIOPORACEA苍珊瑚科Helioporidae

保护级别　国家二级、CITES附录Ⅱ　　　**贸易类型**　骨骼

分　布　南海；印度洋、太平洋

◉ **鉴别特征**　骨骼呈蓝色，质地细腻，光泽暗淡，主要成分为碳酸钙；与石珊瑚目珊瑚类似，骨骼上密布小孔，珊瑚虫在其中营群体生活，每一珊瑚虫个体具8只羽状触手；骨骼的横断面有同心圆状的花纹结构和心点。

5 cm

石珊瑚 Scleractinia spp. 别名：造礁石珊瑚

分类地位 珊瑚纲ANTHOZOA石珊瑚目SCLERACTINIA

保护级别 国家二级、CITES附录Ⅱ（化石除外） **贸易类型** 活体、骨骼、化石

分 布 南海；印度洋、太平洋

👁 **鉴别特征** 本目珊瑚种类较多，多是珊瑚礁的主要构成成分；有的形如鹿角，有的形如蜂巢，有的形如瓦片，以群体为主；具触手状水螅体，其下具坚硬的碳酸钙骨骼，骨骼硬度较高，珊瑚杯隔片的对数是6的倍数。

5 cm

柱星螅 Stylasteridae spp.

分类地位　水螅纲 HYDROZOA 花裸螅目 ANTHOATHECATA 柱星螅科 Stylasteridae
保护级别　国家二级、CITES 附录 II　　　　**贸易类型**　骨骼
分　布　南海；印度洋、西太平洋

◉ **鉴别特征**　扇形，分枝状，为群体固着生活，表面光滑均匀，多呈粉色、橙色、红色；由主干、分枝、小枝组成，分枝上多延伸出不规则的指状或触手状小枝，枝上有小孔。

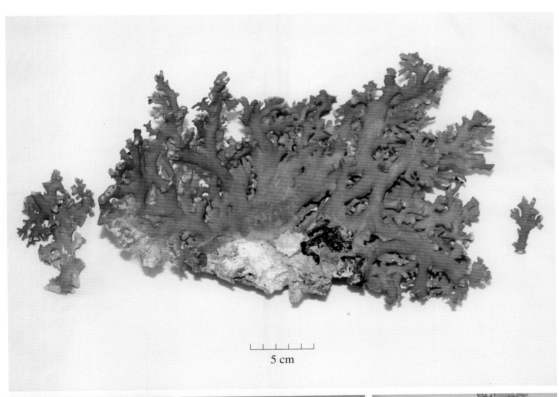

|— ⊢ ⊣ —|
5 cm

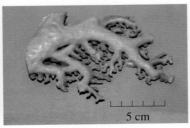

|— ⊢ ⊣ —|
5 cm

参考文献

柏塞尔，萨摩，康南得，2017. 世界重要经济海参种类 [M]. 刘雅丹，代国庆，苏舒，等，译. 北京：中国农业出版社.

陈素芝，2002. 中国动物志：硬骨鱼纲：灯笼鱼目　鲸口鱼目　骨舌鱼目 [M]. 北京：科学出版社.

褚新洛，郑葆珊，戴定远，等，1999. 中国动物志：硬骨鱼纲：鲇形目 [M]. 北京：科学出版社.

丹斯，2002. 贝壳 [M]. 猫头鹰出版社，译. 2版. 北京：中国友谊出版公司.

董正之，1988. 中国动物志：软体动物门：头足纲 [M]. 北京：科学出版社.

董正之，2002. 中国动物志：无脊椎动物：第二十九卷：软体动物门：腹足纲：原始腹足目：马蹄螺总科 [M]. 北京：科学出版社.

何径，2022. 贝壳家谱：一个软体动物门分类系统 [M]. 重庆：重庆大学出版社.

乐佩琦，2000. 中国动物志：硬骨鱼纲：鲤形目：下卷 [M]. 北京：科学出版社.

刘凌云，郑光美，2009. 普通动物学 [M]. 4版. 北京：高等教育出版社.

马绣同，1997. 中国动物志：软体动物门：腹足纲：中腹足目：宝贝总科 [M]. 北京：科学出版社.

苏锦祥，李春生，2002. 中国动物志：硬骨鱼纲：鲀形目　海蛾鱼目　喉盘鱼目　鮟鱇目 [M]. 北京：科学出版社.

伍汉霖，邵广昭，赖春福，等，2017. 拉汉世界鱼类系统名典 [M]. 青岛：中国海洋大学出版社.

徐凤山，1997. 中国海双壳类软体动物 [M]. 北京：科学出版社.

阳建春，胡诗佳. 常见非法贸易野生动物及制品鉴别图谱 [M]. 广州：广东科技出版社.

杨文，蔡英亚，邝雪梅，2017. 中国南海经济贝类原色图谱 [M]. 2版. 北京：中国农业出版社.

张春光，2010. 中国动物志：硬骨鱼纲：鳗鲡目　背棘鱼目 [M]. 北京：科学出版社.

张世义，2001. 中国动物志：硬骨鱼纲：鲟形目　海鲢目　鲱形目　鼠鱚目 [M]. 北京：科学出版社.

张素萍，2008. 中国海洋贝类图鉴 [M]. 北京：海洋出版社.

赵盛龙，徐汉祥，俞国平，2009. 东海区珍稀水生动物图鉴 [M]. 上海：同济大学出版社.

中华人民共和国濒危物种进出口管理办公室，2004. 中国野生动植物进出口管理文件汇编 [G]. 哈尔滨：东北林业大学出版社.

附录 鱼类及无脊椎动物历年保护级别

序号	物种	1988年版国家重点		2021年版国家重点		农业农村部公告第69号（CITES附录水生保护动物核准）		农业农村部公告第491号（CITES附录水生保护动物核准）		2013年版CITES附录			2017年版CITES附录			2019年版CITES附录			2023年版CITES附录		
		国家一级	国家二级	国家一级	国家二级	国家一级	国家二级	国家一级	国家二级	附录Ⅰ	附录Ⅱ	附录Ⅲ	附录Ⅰ	附录Ⅱ	附录Ⅲ	附录Ⅰ	附录Ⅱ	附录Ⅲ	附录Ⅰ	附录Ⅱ	附录Ⅲ
1	镰状真鲨													√			√			√	
2	大青鲨																			√	
3	浅海长尾鲨													√			√			√	
4	噬人鲨				√						√			√			√			√	
5	蝠鲼																			√	
6	条纹斑竹鲨																				
7	西伯利亚鲟						√*				√			√			√				
8	中华鲟	√		√							√			√			√			√	
9	匙吻鲟								√*		√			√			√				
10	花鳗鲡		√		√																
11	似原鹤海鳗																				
12	青海湖裸鲤				√																

（续表）

序号	物种	1988年版 国家重点		2021年版 国家重点		农业农村部公告第69号（CITES附录 水生保护动物核准）		农业农村部公告第491号（CITES附录 水生保护动物核准）		2013年版 CITES附录			2017年版 CITES附录			2019年版 CITES附录			2023年版 CITES附录		
		国家一级	国家二级	国家一级	国家二级	国家一级	国家二级	国家一级	国家二级	附录I	附录II	附录III	附录I	附录II	附录III	附录I	附录II	附录III	附录I	附录II	附录III
13	海蛾鱼																				
14	葛氏海蠋鱼																				
15	西澳海马						✓		✓*		✓			✓			✓			✓	
16	巴博海马						✓		✓*		✓			✓			✓			✓	
17	虎尾海马						✓		✓*		✓			✓			✓			✓	
18	欧洲海马						✓		✓*		✓			✓			✓			✓	
19	刺海马			✓*			✓				✓			✓			✓			✓	
20	太平洋海马						✓		✓*		✓			✓			✓			✓	
21	克氏海马		✓	✓*							✓			✓			✓			✓	
22	库达海马			✓*			✓				✓			✓			✓			✓	
23	棘海马			✓*			✓				✓			✓			✓			✓	
24	三斑海马			✓*			✓				✓			✓			✓			✓	
25	哈氏刀海龙																				

(续表)

序号	物种	1988年版 国家重点		2021年版 国家重点		农业农村部公告第69号(CITES附录 水生保护动物核准)		农业农村部公告第491号(CITES附录 水生保护动物核准)		2013年版 CITES附录			2017年版 CITES附录			2019年版 CITES附录			2023年版 CITES附录		
		国家一级	国家二级	国家一级	国家二级	国家一级	国家二级	国家一级	国家二级	附录Ⅰ	附录Ⅱ	附录Ⅲ	附录Ⅰ	附录Ⅱ	附录Ⅲ	附录Ⅰ	附录Ⅱ	附录Ⅲ	附录Ⅰ	附录Ⅱ	附录Ⅲ
26	巨巴西脊舌鱼								√		√			√			√			√	
27	美丽硬脊舌鱼					√*			√*	√			√			√			√		
28	鲥																				
29	尼罗尖吻鲈																				
30	黄唇鱼		√	√																	
31	苏里南大牙石首鱼																				
32	加利福尼亚湾石首鱼					√		√		√			√			√			√		
33	斑鳠				√*																
34	六斑刺鲀																				
35	凹鼻鲀																				
36	子安辐肛参																				
37	帛琉辐肛参																				
38	二斑白尼参																				
39	维提白尼参																				

（续表）

序号	物种	1988年版国家重点		2021年版国家重点		农业农村部公告第69号（CITES附录水生保护动物核准）		农业农村部公告第491号（CITES附录水生保护动物核准）		2013年版CITES附录			2017年版CITES附录			2019年版CITES附录			2023年版CITES附录		
		国家一级	国家二级	国家一级	国家二级	国家一级	国家二级	国家一级	国家二级	附录I	附录II	附录III	附录I	附录II	附录III	附录I	附录II	附录III	附录I	附录II	附录III
40	黑海参																				
41	象鼻参																				
42	墨西哥海参																				
43	糙海参																				
44	糙刺参																				
45	梅花参																			✓	
46	巨梅花参																			✓	
47	中国鲎				✓																
48	澳洲岩龙虾																				
49	西澳天鹅龙虾																				
50	锦绣龙虾				√*																
51	珠母贝		✓																		
52	大珠母贝				√*																

(续表)

序号	物种	1988年版国家重点		2021年版国家重点		农业农村部公告第69号（CITES附录水生保护动物核准）		农业农村部公告第491号（CITES附录水生保护动物核准）		2013年版CITES附录			2017年版CITES附录			2019年版CITES附录			2023年版CITES附录		
		国家一级	国家二级	国家一级	国家二级	国家一级	国家二级	国家一级	国家二级	附录I	附录II	附录III	附录I	附录II	附录III	附录I	附录II	附录III	附录I	附录II	附录III
53	砗蚝				√*		√				√			√			√			√	
54	番红砗磲				√*		√				√			√			√			√	
55	大砗磲	√		√							√			√			√			√	
56	长砗磲				√*		√				√			√			√			√	
57	鳞砗磲				√*		√				√			√			√			√	
58	鹦鹉螺	√		√				√						√			√			√	
59	火枪乌贼																				
60	剑尖枪乌贼																				
61	夜光蝾螺				√																
62	法螺				√																
63	唐冠螺				√																
64	宝冠螺		√																		
65	虎斑宝贝		√																		

（续表）

序号	物种	1988年版 国家重点 国家一级	2021年版 国家重点 国家一级	2021年版 国家重点 国家二级	农业农村部公告第69号（CITES附录 水生保护动物核准）国家一级	农业农村部公告第69号（CITES附录 水生保护动物核准）国家二级	农业农村部公告第491号（CITES附录 水生保护动物核准）国家一级	农业农村部公告第491号（CITES附录 水生保护动物核准）国家二级	2013年版 CITES附录 附录I	2013年版 CITES附录 附录II	2013年版 CITES附录 附录III	2017年版 CITES附录 附录I	2017年版 CITES附录 附录II	2017年版 CITES附录 附录III	2019年版 CITES附录 附录I	2019年版 CITES附录 附录II	2019年版 CITES附录 附录III	2023年版 CITES附录 附录I	2023年版 CITES附录 附录II	2023年版 CITES附录 附录III
66	阿文绶贝																			
67	鼹贝																			
68	水字螺																			
69	橘红蜘蛛螺																			
70	千足蜘蛛螺																			
71	黑口凤螺																			
72	展凤螺																			
73	大凤螺					√		√*		√			√			√			√	
74	宽凤螺																			
75	紫袖凤螺																			
76	左旋香螺																			
77	信号芋螺																			
78	长尾纺锤螺																			

（续表）

序号	物种	1988年版国家重点		2021年版国家重点		农业农村部公告第69号（CITES附录水生保护动物核准）		农业农村部公告第491号（CITES附录水生保护动物核准）		2013年版CITES附录			2017年版CITES附录			2019年版CITES附录			2023年版CITES附录		
		国家一级	国家二级	国家一级	国家二级	国家一级	国家二级	国家一级	国家二级	附录Ⅰ	附录Ⅱ	附录Ⅲ	附录Ⅰ	附录Ⅱ	附录Ⅲ	附录Ⅰ	附录Ⅱ	附录Ⅲ	附录Ⅰ	附录Ⅱ	附录Ⅲ
79	旋纹细肋螺																				
80	结节竖琴螺																				
81	笔螺																				
82	棘螺																				
83	鹦纹笋螺																				
84	美丽尖柱螺										✓			✓			✓			✓	
85	彩条蜗牛												✓			✓			✓		
86	红珊瑚	✓		✓								✓			✓			✓			✓
87	竹节柳珊瑚				✓																
88	海底柏																				
89	笙珊瑚				✓		✓		✓		✓			✓			✓			✓	
90	角珊瑚				✓		✓		✓		✓			✓			✓			✓	
91	苍珊瑚				✓		✓				✓			✓			✓			✓	

（续表）

序号	物种	1988年版国家重点		2021年版国家重点		农业农村部公告第69号（CITES附录）水生保护动物核准		农业农村部公告第491号（CITES附录）水生保护动物核准		2013年版CITES附录			2017年版CITES附录			2019年版CITES附录			2023年版CITES附录		
		国家一级	国家二级	国家一级	国家二级	国家一级	国家二级	国家一级	国家二级	附录I	附录II	附录III	附录I	附录II	附录III	附录I	附录II	附录III	附录I	附录II	附录III
92	石珊瑚				√		√		√		√			√			√			√	
93	柱星螅				√		√		√		√			√			√			√	

注：
1. 表格中"*"表示仅限野外种群。
2. 1988年版国家重点：指1988年12月10日经国务院批准的《国家重点保护野生动物名录》（中华人民共和国林业部、中华人民共和国农业部，自1989年1月14日起施行），目前该文件已失效。
3. 2021年版国家重点：指2021年1月4日经国务院批准的《国家重点保护野生动物名录》（国家林业和草原局，农业农村部公告2021年第3号，自2021年2月1日起施行）。
4. 农业农村部公告第69号（CITES附录水生保护动物核准）：自2018年10月9日起生效，目前该文件已失效。
5. 农业农村部公告第491号（CITES附录水生保护动物核准）：自2021年11月16日起生效。
4. 2013年版CITES附录：指CITES附录I、附录II和附录III，自2013年6月12日起生效，目前该附录已失效。
5. 2017年版CITES附录：指CITES附录I、附录II和附录III，自2017年4月4日起生效，目前该附录已失效。
6. 2019年版CITES附录：指CITES附录I、附录II和附录III，自2019年11月26日起生效，目前该附录已失效。
7. 2023年版CITES附录：指CITES附录I、附录II和附录III，自2023年2月23日起生效。